健康素食

朱永松 / 主 编

王 程　张草友　牛劻旻 / 副主编

中国纺织出版社

全国百佳图书出版单位

图书在版编目（CIP）数据

健康素食 / 朱永松主编. —北京：中国纺织出版社，
2016.1（2024.4重印）

ISBN 978-7-5180-2145-1

Ⅰ.①健…　Ⅱ.①朱…　Ⅲ.①素菜—菜谱
Ⅳ.①TS972.123

中国版本图书馆CIP数据核字（2015）第269651号

责任编辑：穆建萍　　　　责任印制：王艳丽

中国纺织出版社出版发行

地址：北京市朝阳区百子湾东里A407号楼　邮政编码：100124

销售电话：010－67004422　传真：010－87155801

http://www.c-textilep.com

E-mail:faxing@c-textilep.com

中国纺织出版社天猫旗舰店

官方微博http://weibo.com/2119887771

北京兰星球彩色印刷有限公司印刷　　各地新华书店经销

2016年1月第1版　2024年4月第2次印刷

开本：889×1194　1/16　印张：8

字数：102千字　定价：68.00元

《健康素食》编委会

主编介绍

朱永松　主　编

　　国家高级营养师，中国药膳大师评委，淮扬菜技师，国资委商业饮食服务发展中心专家委员，中国食文化研究会餐饮专家办公室主任，中国禅茶协会副会长兼素食专家委员会主任，世界华人健康饮食协会主席团副主席，中国餐饮赢家公益大讲堂主创发起人，先后编写了餐饮专业图书30余本，被誉为"世纪儒厨"，曾荣获"2014年度传播饮食文化特殊贡献奖"和"2014健康饮食大使"等荣誉称号。

王　程　副主编

　　中国药膳大师和国家级评委，中式烹调师，曾荣获全国御厨总决赛"五星金厨"荣誉称号，擅长研发制作健康食材菜品，多次在《中国烹饪》《东方美食》等专业杂志发表论文，已出版《茶膳》《分子厨艺》《最受欢迎的餐厅造型凉菜》等著作。任多家星级酒店行政总厨，现任北京RC世纪餐饮管理中心出品总监。

张草友　　副主编

　　国家高级营养师，国家高级烹饪技师，中国名厨，中国禅茶协会素食专家委员会副秘书长，曾荣获第五届全国烹饪大赛金奖和亚洲"金尊大师"等荣誉称号。擅长研发制作素食菜品，现任北京花开素食行政总厨。

牛劭旻　　副主编

　　高级营养师，中式烹调师，在专业素食餐厅工作8年，擅长研发制作现代素食，厨艺兼容并蓄，不断吸取各大菜系精髓，座右铭为"做厨先做人，菜品如人品"。现任北京常青园89号素食餐厅总厨。

从"读素"到"食素"

张建斌

《中国食品报》总编

"读素"一词由读书、读经、读物引申而来。书、经、物可以读，"素"同样也可以读，不过这里的"素"指"素食"。素食是一种不含动物肉及以动物肉加工而成的产品，更严格地说，是不含荤的饮食方式和合乎自然规律的饮食习惯。

随着人们健康意识的提高，追求素食的人越来越多，素食人群也趋年轻化。有的人食素是赶时髦，有人则是为了健康，还有人是出于宗教信仰。总之，不论哪一类人群，都在尊重其他生命，爱护环境。

对于食素来说，目前在现实生活中有两种认识。一种是区别于荤类，荤就是肉，而在古代则不然。古时，荤指的是带有辛臭气味的蔬菜，共有五种，为葱、蒜、韭菜、芥、兴蕖（洋葱），称作"五荤"或"五辛"，现在称之为"五腥"，但属于烹饪范畴。另一种是区别于"斋饭"类，前者是广义上的素食，含辛类在内，就是本人倡导的大素食。后者即是宗教信仰，系纯斋饭，不含"五荤"或"五辛"。

自古以来，中国人的饮食习惯就是以素食为主。远在春秋战国时，就提出了"五谷为养，五果为助，五畜为益，五菜为充，气味合而腹之，以补精益气"的精辟论述。这里"五谷"指各种谷物大豆等，是最重要的养料："五畜"指肉蛋鱼奶等动物性产品，可起到补益的作用："五果"为各种瓜果："五菜"指各种蔬菜，皆在起营养辅助补充的作用。这里不仅要求人们杂食，什么都吃，而且强调主次。"养"是占主要地位的，"益""助""充"是辅助性的。所谓"气味合"，就是指各种营养成分搭配合理，"补精益气"是指保证身体健康。

我对素食情有独钟，我的素食是含辛类食物的大素食，由悟素、体素、读素，再到食素。食素是根据自身体质状况，循序渐进，在不影响身体健康的前提下逐步食素。人类进化到今天，本来就是荤素搭配的高等动物。食素与戒烟一样，不能一蹴而就，需要毅力和决心。从人的生理现象而言，大约需要半年到一年的时间才能悟到真谛和体会到素食的妙处，一开始可以从半素食3个月，3/4素食3个月，再过渡到纯素食。其实在现实生活中，人们大部分也是以素为主，特别是春暖花开时节，食素对人体最适宜。素食主义是一种文化行为，是一种爱心行为，是一种环保行为，更是一种道德行为。

吃出健康，我们从食素开始吧。健康素食是一种追求，是一种品位，是时代所趋，是我们餐饮的最佳选择。

推动素食文化健康发展

常大林

中国食文化研究会会长

　　直接说提倡素食，做好素食餐饮，发展素食产业，不是很简明吗，为什么非要说什么素食文化？

　　所谓素食，即不吃肉，不吃任何动物。然而，素食文化所包含的内容可多多了。文化是人通过自己创造的种种符号（如文字、语言等），显示和沟通信息，形成各种各样的群体生命，认识、评价和创造种种事物，使人自身得以模塑和改造，并且获得生存和发展的种种条件。当然，这些条件中对人有的有益，有的则有害。

　　所谓素食文化，不仅仅指吃素，不吃肉，做些美味素席。从文化的角度看素食，可能会想到，其他动物中也是有的吃素，有的吃肉：马牛羊吃草，狮虎狼吃肉，大鱼吃小鱼，小鱼吃虾米。然而，这些动物吃什么，不吃什么，是由其本能自然决定的，人则不同。当然，也有很少的素食者，生下来就吃素。但是，对于更多的人说来，吃肉还是吃素，则是自己选择的结果，而且首先是人类文化作用的结果。试想一下，如果没有神农尝百草、没有教人耕种、没有创造农业文明，仅仅靠野果、野菜、野草糊口，素食者活得下来吗？如果不是所谓科学、工业化侵入了农业畜牧业，就不会有那么多的肉供人享受，以致吃出许多现代病来。这至少是现在一些人选择和提倡素食的原因之一。如果说，多少年前，一些人素食大体是某种自然行为，甚至是不得已而为之，因为吃不上或者吃不起肉。而现在是否素食，更多是人类文化选择和文化创造的结果，是人自己自觉选择的结果。

　　或许，这也是人们提出和强调素食文化的缘由，旨在促进更多的人从文化的角度来审视和对待素食，以便更加健康切实地提倡和推进素食。由此，需要对人类素食的历史和现实状况做更广泛和深入的研究：从古至今，在地球不同的地方，在不同的时期，有多少人在素食？素食者吃什么？素食者产生和存在的原因和条件是什么？需要从人的心理、生理，物性、知性、灵性等生命的角度，研究素食对人的身心健康的益处是什么，有无消极的影响。

我以为，通过上述研究，会有助于人们更切实地认识和对待素食。

研究表明，现代人的许多慢性病、亚健康与过多肉食有关，但是，除了个体差异（有的人体质可能不适宜肉食），或许多数是因为吃肉过量所致。虽然食肉者中，也有很多身体健康的人。但是，对于许多食肉者说来，很难抵挡住美味佳肴的诱惑，肉，很容易吃多，否则，就不会那么胖。恐怕，问题的关键还是在于吃的适量，然而，能控制住自己的饮食、食欲，处理好满足口腹之欲与保持身心健康的关系，对于许多人说来，并非易事。而对于素食者来说，至少可以免于过多食肉的危害，仅就此而论，素食也更容易于控制饮食，有益健康。当然，即便是素食，吃的过多，同样有害健康。

从以上叙述中，还可以感到，人和其他动物不同，不只是自然地吃，而且赋予吃的目的、意义、价值，要思考和回答为什么而吃，并且因而影响到自己的饮食。这就是人特有的文化评价、文化选择对人的饮食的作用，也是素食产生的重要原因。人为什么要吃？"人是铁，饭是钢，一顿不吃饿得慌"，曾经很多人吃饭是为了充饥，为了活命。而像运动员、演员等，吃什么，怎么吃，则与他们从事的专业要求密切相关。常常依据专业需要多吃或者少吃，甚至吃自己不爱吃的，不吃自己很想吃的。

现在，已经有越来越多的人，把如何饮食和更加健康地活着联系起来。这也是一些人选择素食的原因。然而，还是有很多人把满足口腹之欲，摆在首位，哪怕吃出病，哪怕边吃药边吃肉，也挡不住无尽的吃喝。如果为了身心健康，多一些素食，少一些肉食，何乐而不为呢？

我以为，除非天生素食，否则要完全做到素食并非易事。中国很多人恐怕更接近杂食。有些人因信佛而吃素。其实，吃全素，只是汉传佛教的规矩。和尚并非都不吃肉：南传佛教，至今还有僧人以乞食为生，居士供养什么，就吃什么；藏传佛教的僧人长期在青藏高原生活，习惯肉食；当一些僧人到其他地方后，由于种种原因，也有开始吃素的。其中，有些人的身体会不适应。因此，是否素食，因人而异，还是要以自己的身心是否正常健康为准。

其实，就当下环境（包括人的心境、社会环境、自然环境）严重污染、资源巨大浪费、贫富依然悬殊分化而言，如果有人选择、提倡、推进素食，不仅有益于素食者，恐怕更有益于的是整个人类和地球。为了满足人们对肉食的需求，要生产更多的饲料，要使用更多的化肥和农药，推出更多的转基因作物。满足素食者所需的耕地和水比满足肉食者所需的，要少得多。少吃一些肉，就会少一分对环境的污染，少一分对资源的浪费，就会有助于那些还吃不饱饭的人吃上饭、吃好饭。如果有缘来选择素食、推进素食，何乐而不为呢？

需要指出的是，目前社会还缺乏为素食提供更方便的条件。也就是说，需要餐饮、食品企业，推出更多、更好、更美味的素食来。这是促使更多人选择素食的重要条件。而朱永松先生领衔主编的《健康素食》美食菜谱，就是在这方面所做的努力。朱先生虽然不是素食者，但作为一名专业的淮扬菜烹调师和国家高级营养师，他愿意为提倡素食、推进素食餐饮、发展素食产业尽一份力，值得我们称赞和支持。

何为素食

清华大学教授资深素食主义者

在中国，现在已经有越来越多的人们开始关注素食、品尝素食、弘扬素食，但是对素食的认识仍然需要深化，素食的重要意义仍然需要进一步传播。"2015中国宜兴国际素食荟暨素食专家高峰论坛"的成功举办加深了人们对素食的认识，促进了素食传播，功德无量。

是否选择素食，意味着是否选择健康。今天我国人均肉食消费量已经高居亚洲前列，这绝非是令人自豪的现象，相反却与我国糖尿病、高血压、心脑血管疾病的高发密切相关。如果说过去中国人因为贫穷而不幸沦为东亚病夫的话，我们今天如果因为无知，过量肉食而再次成为东亚病夫，这是何等的悲哀？

是否选择素食，意味着是否选择环保。素食是我们每一个普通人对环保所能做的最有力的支持。全球变暖、海平面上升、气候剧烈变化是对人类及其地球环境非常严重的威胁。其中，温室气体排放的重要来源之一，居然是人类为了吃肉而大规模养殖的牛羊所排出的气体。素食意味着减少温室气体排放。不仅如此，为了吃肉，人类需要大量开垦土地、毁坏森林、喷洒大量的农药化肥和除草剂来种植粮食，再把粮食转化为动物的尸体，这个过程极其浪费。如果我们大家都能选择素食，我们就不必需要那么多粮食，也不必种植极具争议的转基因粮食。如果我们大家都能选择素食，也不至于由于大量养殖动物，而导致耗用大量宝贵的水资源，不必由于排放大量的污水以及动物粪便而给环境带来巨大的压力。

从某种意义上说，素食不应该是一种完全听任个人随心所欲的选择。因为，饮食方式的选择，绝不是个人的爱好，不是他人不容置喙的私事，而是一种界定人类与自然、与动物乃至与其他人类同伴关系的行为。它的正当性要接受伦理学的拷问，它是一件关乎道德的事情。素食文化主张保护动物的权利，捍卫自然环境的权利，捍卫那些深受肉食文化制度影响的社会边缘群的温饱权利。从这种意义上说，素食文化是建设社会主义生态文明的题中应有之义。

民以食为天，继承和发扬中国传统文化，决不能忽视素食文化的发扬。儒家的最高理想是"万物并育而不相害"，真正要实现这一点，就应该践行素食而不杀害动物。道教主张，应该"慈爱一切，不异己身。身不损物，物不损身。一切含气，草木壤灰，皆如己身，念之如子，不生轻慢意，不起伤彼心。"只有素食才能将这样的主张转化为行动。佛教众生平等，慈悲普度的情怀，显然只有通过素食才不至于沦为空话。

素食不仅是中国传统文化的精华组成部分，也是现代世界文明的先进发展方向。西方国家历史上曾有长期肉食的悠久传统，近代以来由于动物保护运动的深入开展，人们从对动物的关爱出发，开始重新反思他们的饮食方式是否合理，今天素食运动在西方国得以蓬勃开展，体现了现代动物保护运动的深刻影响力。

我们今天倡导和发展素食，促进素食产业的发展，也必须跳出饮食的小圈子，在一个重新思考我们与天地万物的关系，重新建构我们与动物关系、与环境关系的语境中，将素食的发展与对生命的慈悲和关怀连接起来，重新思考我们生存、生活、生命的意义，把素食作为提升我们生命境界的修炼来体验。我们有必要将推广素食，看成是环境保护运动的组成部分，看成是动物保护运动的组成部分，看成是复兴传统文化的组成部分，看成是融入全球普世文明的组成部分。只有这样，我们才能真正领会到素食的真谛，中国的素食文化才能有其光明的未来。

目录
CONTENTS

二 热菜篇

目录
CONTENTS

目 录

contents

一

凉菜篇

01 四喜烤麸

原料： 烤麸，小米椒，银杏，绵白糖，生抽，素蚝油，盐，味精，木耳

做法：

1. 烤麸切小块，小米椒切碎，银杏氽水。

2. 将切好的烤麸入色拉油中炸透；绵白糖、生抽、素蚝油、小米椒、盐、味精调好味放入炒锅内，加入烤麸、银杏、木耳烧入味，收汁装盘即可。

蜜汁原味人参

原料： 长白山人参，红枣，枸杞，蜂蜜，15年花雕酒

做法：

1. 红枣、枸杞洗净，泡水中，加入蜂蜜、15年花雕酒，与长白山人参同蒸4小时；取出自然凉凉。

2. 盘内垫入碎冰，放入一根长白山人参，用枸杞、红枣点缀。

03 冷菠菜糕

原料： 菠菜，生粉，麻酱，红油，酱油，醋，盐，味精，糖

做法：

1. 菠菜洗净，用生粉拌匀蒸制，凉凉压制成块。

2. 压成块的菠菜切小块摆盘，用麻酱、红油、酱油、醋、盐、味精、糖调成怪味汁，跟菠菜糕上桌。

04
养生三素

原料：面筋，花生，香干，木耳，小米椒，陈醋，盐，味精，酱油，香油

做法：

1. 面筋切小块，与花生同用酱油、陈醋、盐、味精、香油拌匀；香干斜刀切片后汆水，冲凉后与盐、味精、香油拌匀；小米椒切碎，调入陈醋、酱油、盐、味精，拌入木耳。

2. 拌好的面筋、香干、木耳分别装入小碟，摆盘即可。

05 草原三菌

04

原料： 金钱菇，口蘑，茶树菇，素蚝油，盐，味精，黑胡椒碎，六月香豆瓣酱，糖

做法：

1. 金钱菇过油，调素蚝油、盐、味精收汁成蚝油金钱菇；口蘑用油煎香，调盐、黑胡椒碎成黑胡椒口蘑；茶树菇撕成丝，过油炸干，调六月香豆瓣酱、盐、糖成酱香茶树菇。

2. 蚝油金钱菇、黑胡椒口蘑、酱香茶树菇分别装小碟，可按喜好选用松枝、盐、鹅卵石、八角做盘式。

06 青柠冷豆腐

原料： 自制卤水豆腐，李锦记蒸鱼豉油，生抽，美极鲜，青柠

做法：

1．自制卤水豆腐捏碎，入冷藏冰箱冰镇；青柠挤汁，与李锦记蒸鱼豉油、生抽、美极鲜调汁。

2．豆腐碎用心型模具扣成型装盘，跟调好的青柠汁上桌。

原料： 薏米，小嫩豆，盐，味精，葱油，香油

做法：

1．薏米泡软煮至软透，小嫩豆汆水备用。

2．葱油、盐、味精、香油调汁，将薏米和小嫩豆拌匀，装盘即可。

07 薏米小嫩豆

08 沙棘雪梨大枣

原料: 红枣,雪梨

调料: 蜂蜜,沙棘汁

做法:

1. 红枣去核,雪梨改刀成条状,塞入枣中。

2. 锅放入纯净水,加蜂蜜、枣同煮10分钟,凉凉装盘,淋沙棘汁即可。

09
虫草花长寿菜

原料： 鲜虫草花，长寿菜，盐，味精，香油，松子仁

做法：

1. 鲜虫草花汆水冲凉，长寿菜汆水冲凉待用。

2. 虫草花与长寿菜用盐、味精、香油调味，装盘，撒炸好的松子仁即可。

10
杏仁菠菜拼
鱼籽酥海带

原料： 菠菜，南杏仁，木瓜鱼籽，海带，橄榄油，盐，味精，酱油，陈醋

做法：

1．菠菜汆水挤干水分后加盐、味精、橄榄油拌匀；海带泡发后洗净扎成卷，入酱油、陈醋、盐调制的汤中煮至酥烂。

2．拌好味的菠菜入圆形模具中扣成型装盘，上面撒南杏仁；酥海带切细丝后入圆形模具扣成型装盘，上面撒木瓜鱼籽。

原料： 薯片，鲜蚕豆瓣，干黄豆，盐，淡奶油，椒盐

做法：

1. 鲜蚕豆瓣煮熟，凉凉入打碎机打成泥，加盐、淡奶油搅上筋；干黄豆烤熟，入搅拌机打碎，加椒盐调成自制豆酥。

2. 调好味的蚕豆泥入裱花袋中，在薯片上挤成花状，撒上自制的豆酥，摆盘即可。

11
豆酥蚕豆泥

12
茴香青麦仁

原料： 茴香苗，青麦仁，盐，味精，香油，酱油，红椒

做法：

1. 茴香苗切碎；青麦仁煮熟，冲凉；红椒切丝。

2. 青麦仁与茴香苗用酱油、盐、味精、香油拌入味装盘，用红椒丝点缀即可。

13
冰镇菊花凉瓜

原料： 凉瓜，日式酱油，自制豉油，芥末膏

做法：

1．凉瓜片大片卷菊花状，入冰箱冷藏。

2．日式酱油、自制豉油、芥末膏调汁装小碟备用。

3．冰块入碎冰机打碎，垫入盘底，摆好菊花凉瓜，跟调好的汁上桌。

14
五香鹰嘴豆

原料： 鲜鹰嘴豆，纯净水，姜，花椒，桂皮，八角，小茴香，干辣椒，黄豆酱油，盐

做法：

1．鲜鹰嘴豆加入用纯净水、姜、黄豆酱油、花椒、八角、桂皮、小茴香、干辣椒调成的五香卤水，煮熟。

2．将煮好的鹰嘴豆卤泡入味，取出装盘即可。

原料: 芥兰,藕带,花生,野山椒,柠檬片,白醋,白糖,纯净水

做法:

1. 芥兰切条,藕带切段,分别余水,冲凉;花生煮熟。

2. 野山椒、柠檬片、纯净水、白糖、白醋混匀后煮开,凉凉,泡入芥兰、藕带和花生。

3. 泡制的芥兰藕带入冰箱12小时至入味,捞出摆盘即可。

15 芥兰藕带

16
酱焖春笋

原料： 春笋，六月香豆瓣酱，番茄酱，黄豆酱油，盐，白糖
做法：

1. 春笋切滚刀块，氽水，过油。

2. 六月香豆瓣酱、番茄酱炒出色后加入春笋，用黄豆酱油、盐、白糖调味，收汁后装盘。

17

香辣杏鲍菇

原料： 杏鲍菇，芹菜，桂林辣酱，辣妹子，薄荷酱，小米辣

做法：

1. 杏鲍菇切薄片，入油锅炸至金黄。

2. 桂林辣酱、辣妹子炒出红油，放入杏鲍菇翻炒均匀，加入芹菜丝。

3. 薄荷酱在盘底做盘式，炒好的杏鲍菇装盘，加上小米辣点缀即可。

18
杭帮海笋

原料： 海笋，小米椒，东古酱油，陈醋，盐，味精

做法：

1. 海笋斜刀切节，小米椒切碎。

2. 东古酱油、陈醋、小米辣碎、盐、味精调成酸辣汁，泡入海笋入味，装盘即可。

19 银杏香菇

原料： 金钱菇，银杏

调料： 精盐，味精，黄豆酱油，糖

做法：

1. 金钱菇用开水泡制30分钟后、去蒂。

2. 把加工好的香菇和银杏放入调料中烧至15分钟后，大火收汁即可。

特点： 咸甜味浓。

20
榄菜鲜笋

原料： 橄榄菜，惊雷春笋，西芹，盐，香油，豆苗，枸杞

做法：

1. 春笋切条，氽水，冲凉；西芹斜刀切大片，泡凉水呈弯曲状。

2. 春笋加盐、香油拌匀，摆整齐放西芹片上，再放上橄榄菜，用枸杞、豆苗点缀即可。

21
有机芹菜卷

原料： 有机芹菜，盐，橄榄油

做法：

1. 有机芹菜顺长劈开，切成小段，入冰水中镇凉，呈卷曲状。

2. 有机芹菜拌入盐、橄榄油，装盘即可。

22
金橘蓝莓山药

原料： 小金橘皮，蓝莓，山药，土豆泥，蜂蜜，冰糖，纯净水，豆苗

做法：

1. 小金橘皮切细丝；蓝莓洗净打汁；山药去皮蒸熟，打成泥状。

2. 纯净水中加入蜂蜜、冰糖、金橘皮丝煮至金桔皮透亮；土豆泥中加入山药泥拌匀，取一半山药土豆泥加入蓝莓汁调匀；制成橄榄型装盘，用金橘皮丝、豆苗摆上面点缀。

23
腐皮千层瓜

原料：江南豆皮，西葫芦

调料：素蚝油，糖

做法：

1. 先把西葫芦切丝后，加入调料炒至六成熟。

2. 将六成熟的西葫芦用豆皮卷起上炉蒸制10分钟后过油，烧制5分钟，冷却即可。

特点：口味咸甜、口感酥软。

24
金钱鸡蛋干

原料： 鸡蛋干，一品鲜，蘑菇精，糖

配料： 生姜

做法：

1. 先把鸡蛋干用4厘米圆形模具切成大小一致的形状后，用刀刻成金钱形状备用。

2. 把刻好的鸡蛋干用调料和配料烧至10分钟即可。

特点： 口感咸甜、形状金钱。

原料： 花生，面包糖，黑芝麻

调料： 盐，白糖

做法：

1. 把花生倒入锅中加水，加入调料烧制6分钟后待用。

2. 黑芝麻煸香后倒入面包糖中、拌匀。

3. 煮好的花生倒入油中炸熟后再次倒入面包糖中拌匀即可。

特点： 口感脆嫩。

25
琥珀花生

原料: 铁棍山药(拇指粗细),蜂蜜,芹菜

做法:

1. 把山药洗净后蒸制7~8分钟,冷却。

2. 山药过油待用。

3. 把山药切成8厘米左右大小,用芹菜梗捆绑起来和蜂蜜一起上桌即可。

特点: 细腻润口。

26

铁棍山药

27

麻花豇豆节

原料：豇豆，盐，味粉，橄榄油

做法：

1. 把豇豆用水汆制八成熟，待用。

2. 把汆好的豇豆中间片开，打成麻花形状，用调料拌匀即可。

特点：口味咸鲜、口感脆嫩。

原料：鲜蚕豆，橄榄菜，盐，橄榄油，白糖，红黄米椒丁

做法：

1. 鲜蚕豆焯水制熟，用凉水洗一下。

2. 蚕豆挤干水分加橄榄菜、橄榄油、盐等调料拌均。

3. 粽叶做个造型，把拌好的蚕豆装盘，撒上红黄米椒丁即可。

特点：爽口清香、造型别致。

榄菜鲜蚕豆

29
风味素螺片

原料：杏鲍菇，盐，鸡精，一品鲜，红油

做法：

1. 把杏鲍菇放入油中炸制金黄色，捞出。

2. 将炸好的杏鲍菇倒入调好的汤锅中卤制25分钟后冷却。

3. 把卤好的杏鲍菇切成片，加入调料拌匀即可。

特点：口味咸鲜、形似螺片。

30
一品豇豆

原料：嫩豇豆，自制卤水

做法：

1. 嫩豇豆洗净缠绕在筷子上，接头的地方压紧，入油锅内拉油备用。

2. 自制卤水烧开，放入拉油的豇豆卷烧制5分钟，浸泡。

3. 上桌时取出浸泡的豇豆卷，从筷子上轻轻取下，保持其缠绕状。

特点：造型独特、入味悠长。

31
辣木养生豆腐

原料： 新鲜辣木叶，豆腐，巧克力棒，圣女果，橄榄油，盐

做法：

1. 新鲜辣木叶洗净，入开水烫熟，控去水分，剁碎加盐、橄榄油拌匀备用。

2. 豆腐蒸熟，凉后剁碎，加盐、橄榄油拌匀备用。

3. 用圆形模具一层豆腐、一层辣木叶压制成圆柱形。

4. 压好的辣木豆腐摆盘，用巧克力棒、圣女果点缀。

特点： 原汁原味，清爽可口。

原料： 西葫芦，新鲜辣木叶，红椒丝，酸辣捞汁

做法：

1. 西葫芦用擦丝器擦成丝，盘成圆形摆入盘内。

2. 新鲜的辣木叶洗净放在在西葫芦丝上，点缀红椒丝，跟一碗酸辣捞汁一起上桌即可。

特点： 酸辣开胃，预防感冒。

32
辣木美味西葫

33
双色橄榄

原料： 拇指粗芥蓝，茭白，精盐，味精

做法：

1. 把芥蓝和茭白用刻刀刻成橄榄形状后，氽水，待用。

2. 氽好的芥蓝、茭白放入调料拌匀即可。

特点： 口感脆嫩、白绿相间。

34
辣木莜面

原料：莜面，辣椒丝，新鲜辣木叶，酸辣汁

做法：

1. 莜面煮熟，与辣椒丝，用酸辣汁拌匀。

2. 拌匀的莜面盛入碗中，同新鲜的辣木叶拌匀同食。

特点：辣木叶有辅助降血脂、降血压、增强免疫力、延缓衰老的作用。

二

热菜篇

01 辣味芥兰炒榆耳

原料: 芥兰,榆耳,彩椒丝,鲜花椒,干辣椒丝,盐,味极鲜酱油,蘑菇精,生粉,素清汤

做法:

1. 芥兰切段,在两端切十字花刀,泡冰水中成芥兰花;榆耳泡软斜刀改大片,入素清汤中煨入味。

2. 锅中入油,榆耳拉油;芥兰花飞水。

3. 炒香鲜花椒、干辣椒丝,入芥兰花、榆耳、盐、味极鲜酱油、蘑菇精调味,生粉勾芡,翻匀出锅装盘,鲜花椒、彩椒丝点缀即可。

特点: 菜品色彩艳丽、清爽可口。

02 翡翠豆腐

原料： 菠菜，豆浆，鸡蛋，胡萝卜丝，泰国甜辣酱，红椒，蒜泥

做法：

1. 菠菜洗净打汁，按菠菜汁与豆浆的比例为1：1混合好；再打与菠菜豆浆同样多的鸡蛋搅拌均匀；然后将菠菜豆浆与鸡蛋搅拌均匀。

2. 把对好的菠菜豆浆鸡蛋倒入托盘内，上笼蒸15分钟，取出凉凉，切成正方形小块入盘中。

3. 红椒切小粒，与泰国甜辣酱调汁，均匀的浇在豆腐周围，豆腐上放一点搅拌机打好的蒜泥，点缀炸好的胡萝卜丝即可。

特点： 做工精细、回味无穷。

原料： 菠菜，豆浆，鸡蛋，白玉菇，蟹味菇，芦笋，素清汤，素蚝油，素鲍汁，胡萝卜丝，生粉

做法：

1. 菠菜叶洗净切碎；按豆浆与鸡蛋的比例1：1混合，搅拌均匀。

2. 搅拌好的鸡蛋豆浆倒入托盘中，撒上菠菜碎，蒸15分钟，凉凉后切成小块，入煎锅中煎至金黄色，装盘。

3. 素清汤用素蚝油、素鲍汁调味，加入白玉菇、蟹味菇，用生粉勾芡，浇在豆腐上，芦笋汆水后摆盘，炸好的胡萝卜丝点缀即可。

特点： 菜品搭配合理、时尚健康营养。

04 虫草花炒双脆

原料： 鲜虫草花，荷兰豆，土豆丝，盐，蘑菇精

做法：

1. 荷兰豆切丝；鲜虫草花、荷兰豆、土豆丝分别飞水。

2. 锅内放入少许色拉油，放入飞水的原料，盐、蘑菇精调味出锅装盘。

特点： 菜品搭配合理、口味清鲜。

原料： 荠菜，圆菇，春笋，橄榄油，盐，蘑菇精

做法：

1. 荠菜洗净切碎；圆菇切片，飞水备用；春笋切片，飞水，拉油备用。

2. 锅内入橄榄油下入荠菜炒香，下入圆菇片和春笋片，盐、蘑菇精调味装盘。

特点： 春笋爽脆清香。

05 荠菜珍菌炒春笋

06

辣鲜牛肝菌
配锅巴

原料： 牛肝菌，豆腐，彩椒，油菜梗，锅巴，素清汤，素蚝油，东古酱油，辣鲜露，盐，生粉

做法：

1. 牛肝菌切大片，氽水，拉油；豆腐切小片炸至金黄色；彩椒切菱形块。

2. 锅内加入素清汤、素蚝油、东古酱油、辣鲜露、盐调味，加入牛肝菌、豆腐、彩椒块、油菜梗，烧制入味，用生粉勾芡，出锅盛入碗中。

3. 锅中烧热油，放入锅巴炸至香脆，放入碟子，趁热倒入辣鲜牛肝菌。

特点： 食材和口味丰富。

07 翡翠番茄珍菌汇

原料： 油菜胆，番茄，白玉菇，蟹味菇，牛肝菌，素清汤，素蚝油，素鲍汁，盐，糖，生粉

做法：

1. 番茄入开水锅中烫5秒，趁热剥去外皮，切去带梗的一边，用小勺挖空番茄；牛肝菌切小块。

2. 白玉菇、蟹味菇、牛肝菌划油；锅内加入素清汤、素鲍汁、素蚝油、盐、糖调味，加入白玉菇、蟹味菇、牛肝菌煨入味，生粉勾薄欠，装入番茄盏内。

3. 油菜胆飞水，摆入盘内，番茄盏倒扣入盘子，上桌前用小刀划开番茄盏。

特点： 色彩鲜艳、创意无限。

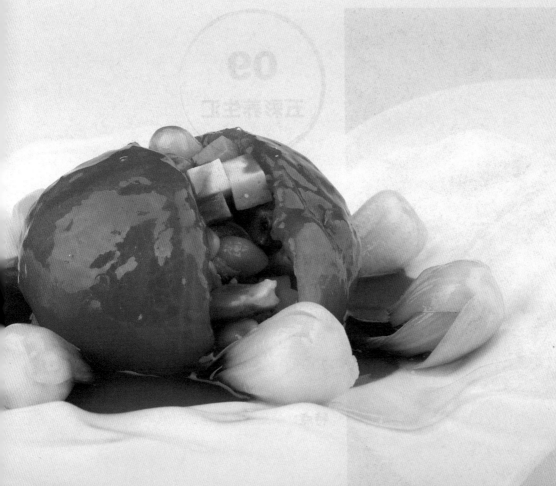

08 炸素串

原料： 鲜猴头菇，生抽，盐，蘑菇精，孜然粉，辣椒粉，芝麻

做法：

1. 猴头菇切丁，飞水，挤干水分，加盐、生抽、蘑菇精腌制入味，穿竹签上成肉串型。

2. 穿成串的猴头菇串入油锅中炸至金黄色，撒盐、孜然粉、辣椒粉、芝麻即可。

特点： 风味独特，口感丰富。

09 五彩养生汇

原料： 小油菜，胡萝卜，娃娃菜，草菇，百灵菇，素浓汤，素清汤，盐，蘑菇精

做法：

1. 小油菜用刻刀修成荷花状；胡萝卜用模具刻成圆形花；娃娃菜一切四；草菇一切二；百灵菇切片。

2. 所有备好的原料入素浓汤中，加盐、蘑菇精调味，煨入味；摆盘，浇上素清汤即可。

特点： 菜品颜色鲜艳、口感丰富。

10
咖喱百财卷

原料： 卷心白菜，胡萝卜丝，木耳丝，素腊肠，素浓汤，咖喱酱，盐，蘑菇精，生粉

做法：

1. 卷心白菜撕大叶，飞水；素腊肠切丝，与胡萝卜丝、木耳丝同炒，加盐、蘑菇精调味。

2. 卷心白菜铺开，卷入炒好的胡萝卜丝、木耳丝、素腊肠丝，切段，装盘。

3. 素浓汤加入咖喱酱、盐调味，用生粉勾芡淋在白菜卷上。

特点： 粗菜细作、口味独特。

原料： 胡萝卜，香菇，青笋，冬瓜，银耳，山药，枸杞，蜂蜜，冰糖，素清汤，纯净水

做法：

1. 胡萝卜、青笋、冬瓜、山药分别用挖球器制成球形；银耳加纯净水、蜂蜜、冰糖熬制汤汁浓稠。

2. 胡萝卜球、香菇、青笋球、冬瓜球、山药球分别入素清汤内煨入味；香菇切丝摆盘边成五行图案。

3. 煨好味的原料分别摆盘，浇上熬好的银耳汤，枸杞点缀。

特点： 菜品造型美观、食材丰富、搭配合理。

11

五行素烩

12 鲜松茸山药小嫩豆

原料： 鲜松茸，山药，蜜豆，彩椒，小嫩豆，橄榄油，盐，蘑菇精，生粉

做法：

1. 鲜松茸切片；山药去皮切片；彩椒切条。

2. 鲜松茸轻轻煎过；蜜豆、山药、彩椒汆水；锅内用橄榄油爆香鲜松茸、蜜豆、彩椒、山药，用盐、蘑菇精调味，生粉勾芡，装盘。

3. 汆水的小嫩豆点缀即可。

特点： 选料讲究、清新爽口。

原料： 香椿芽，年糕，橄榄油，盐

做法：

1. 香椿芽切碎；年糕切片，飞水备用。

2. 锅内下入橄榄油，炒香香椿芽碎，放年糕，盐调味，翻匀装盘即可。

特点： 年糕软糯清香。

13 椿芽炒年糕

原料： 鸡蛋清，牛奶，松露，彩椒片，盐，糖，蘑菇精，玉米淀粉

做法：

1. 鸡蛋清与牛奶按1：1的比例混合好，加入少许玉米淀粉搅匀，入热油锅内滑炒成片状；松露切片。

2. 炒好的蛋清芙蓉与松露片、彩椒片同炒，用盐、糖、蘑菇精调味，装盘即可。

特点： 菜品细腻、赏目爽口。

原料： 紫薯，牛奶燕麦，椒盐

做法：

1. 紫薯切条，煮至八成熟，入油锅中炸熟。

2. 锅内加入牛奶燕麦片、紫薯条，用椒盐调味，翻匀即可。

3. 用竹篱弯曲做盘饰，燕麦紫薯装盘。

特点： 粗粮细作、奶香浓郁。

16
**松露汁
菌菇豆腐**

原料：豆腐，杏鲍菇，鲜松露，素清汤，素鲍汁，素蚝油，松露油，盐，白糖，生粉

做法：

1. 豆腐切大片煎至两面金黄色；杏鲍菇切片炸至金黄色。

2. 锅内入素清汤、素鲍汁、素蚝油、盐、白糖调味，入煎好的豆腐、炸好的杏鲍菇，烧制入味，用生粉勾芡，淋松露油。

3. 锡纸裁成花状，烧好的松露汁菌菇豆腐盛入锡纸中，鲜松露切片撒菌菇豆腐上即可。

特点：创意独特、营养美味。

原料： 鲜松茸，橄榄油，孜然粉，辣椒粉，芝麻，盐

做法：

1. 鲜松茸切大片；烤箱200度预热。

2. 烤盘内铺锡纸，抹一层橄榄油，放入鲜松茸片，烤至两面金黄色，撒盐、孜然粉、辣椒粉、芝麻调味装盘。

特点： 吃法独特、口味丰富。

18 芦蒿土豆丝

原料：芦蒿芽，土豆丝，彩椒，橄榄油，盐

做法：

1. 彩椒切丝；芦蒿芽、土豆丝分别余水。

2. 锅内下橄榄油、土豆丝、芦蒿芽、彩椒丝，用盐调味装盘。

特点：搭配简单、口感清爽。

原料：青麦仁，玉米粒，彩椒，干辣椒，橄榄油，盐，蘑菇精

做法：

1. 青麦仁煮熟；彩椒切丁；玉米粒飞水。

2. 锅内下入橄榄油，炒香干辣椒下入玉米粒、青麦仁、彩椒丁，用盐、蘑菇精调味装盘。

特点：口味咸鲜、营养丰富。

19 麦仁辣炒玉米粒

20 果仁炒三宝

原料： 美国大杏仁，西芹，西葫芦，山药，彩椒，盐，蘑菇精，糖、生粉

做法：

1. 西芹切菱形块；西葫芦切菱形块；山药切片；彩椒切菱形片；美国大杏仁炸熟备用。

2. 西芹、西葫芦、山药、彩椒飞水，入锅内加盐、蘑菇精、糖调味，生粉勾芡，撒大杏仁翻匀装盘。

特点： 色彩艳丽、食材多样、营养丰富。

21 蜜汁金瓜

原料： 甘葱头，金瓜，纯净水，蜂蜜

做法：

1. 甘葱头切圈；金瓜洗净切块。

2. 煲仔内放入甘葱头，整齐的摆好金瓜块，上火，倒入纯净水和蜂蜜调好的蜜汁，煲至汁收干即可。

特点： 金瓜软烂甘香。

22

小青柠浓汁榆耳

原料：小青柠，榆耳，素浓汤，盐，蘑菇精，芦笋，生粉

做法：

1. 榆耳泡软，切大块，入素浓汤中，加盐、蘑菇精调味，煨入味。

2. 煨好味的榆耳吸干水分，装盘，素浓汤用生粉勾芡，均匀的浇在榆耳上，小青柠点缀，芦笋飞水点缀。

特点：选料讲究、口味独特。

23
酥辣香脆菇

原料： 鲜香菇，黄飞鸿香辣酥，美乐香辣酱，淀粉

做法：

1. 鲜香菇斜刀切大片，拍淀粉炸至酥脆。

2. 锅内下美乐香辣酱炒香，加鲜香菇炒匀，加入黄飞鸿香辣酥翻炒均匀装盘。

特点： 口感丰富。

原料： 西蓝花，鲜草菇，胡萝卜花，彩椒，素清汤，盐，蘑菇精，生粉

做法：

1. 鲜草菇改刀；彩椒切菱形块。

2. 鲜草菇飞水，加素清汤、盐、蘑菇精烧入味，加胡萝卜花、彩椒，用生粉勾芡装盘，西蓝花飞水装盘。

特点： 菜品食材丰富。

24
碧绿烩草菇

25 御园五色蒸菜

原料： 心里美萝卜，胡萝卜，白萝卜，木耳，苦菊，玉米粉，盐，姜醋汁

做法：

1. 将心里美萝卜、胡萝卜、白萝卜、木耳分别切成细丝，分别加入盐和玉米粉拌匀，蒸熟装在小笼内。

2. 将蒸熟的4种蒸菜和苦菊摆放装盘。

3. 带姜醋汁上桌。

特点： 原汁原味。

原料： 鸡蛋，豆浆，菠菜，白玉菇，盐，黑椒碎，蘑菇精，素清汤，生粉

做法：

1. 用等量的豆浆与鸡蛋混合，入托盘内，蒸15分钟成鸡蛋豆腐；菠菜打汁，与蛋清混合，搅打均匀。

2. 菠菜蛋清入三成熟油内快速搅拌，成翡翠珍珠，冲去油花；鸡蛋豆腐切小块入煎锅内煎至两面金黄色，装盘。

3. 素清汤用盐、蘑菇精调味，加入翡翠珍珠，用生粉勾薄芡，均匀的浇在豆腐上；白玉菇入煎锅内煎至金黄，盐、黑胡椒碎调味，撒在豆腐上点缀。

特点： 菜品做工精细。

26
翡翠珍珠豆腐

27

奇味酱焗山药

原料： 山药，千岛酱，咖喱酱，彩椒，盐，香椿苗

做法：

1. 山药切丁，飞水，拍粉，炸至金黄色；彩椒切丁。

2. 千岛酱、咖喱酱、彩椒丁、盐调至奇味酱，入锅内加山药丁翻炒均匀，装盘；香椿苗点缀。

特点： 菜品搭配合理、营养丰富。

原料： 香菇，榆耳，云耳，银杏，美人椒，草菇酱油，陈醋，盐，糖，蘑菇精

做法：

1. 香菇、榆耳从底部改麦穗花刀；草菇酱油、陈醋、盐、糖、蘑菇精调汁备用。

2. 改好刀的香菇、榆耳飞水，拉油；锅内炒香美人椒，下入香菇、榆耳、云耳、银杏，烹入对好的汁，勾芡装盘。

特点： 刀工精细、爽口宜人。

28
素爆三花

29
辣爆杏鲍菇

原料： 盐烤花生，杏鲍菇，干辣椒，郫县豆瓣酱，辣妹子，盐，糖

做法：

1. 杏鲍菇切丁，入油锅中炸金黄色。

2. 锅内炒香干辣椒，下入郫县豆瓣酱、辣妹子、加入杏鲍菇丁，盐、糖调味，勾芡，撒盐烤花生装盘。

特点： 杏鲍菇软滑爽口。

30
香草酱焗珍菌

原料： 自制法式香草酱，杏鲍菇，橄榄油，盐

做法：

1. 杏鲍菇切厚片，入煎锅煎两面金黄色。

2. 锅内加橄榄油，炒香法式香草酱，盐调味，装盘。

特点： 调味讲究、风味独特。

原料：面条，沙窝萝卜，盐，蘑菇精，面粉，糯米粉，吉士粉，面包糠，油菜叶，青红椒圈，鸡蛋

做法：

1. 面条拍吉士粉入模具内做鸟巢形，入油锅中炸至定型；沙窝萝卜切丝，撒盐、蘑菇精，腌入味，挤干水分。

2. 萝卜丝中撒面粉、糯米粉，制成丸子状，蘸蛋液，拍面包糠，入油锅中炸至金黄，装入鸟巢中。

3. 油菜叶切丝，青红椒圈点缀。

特点：原料简单、创意无限。

31
鸟巢萝卜丸

原料：丝瓜，鲜竹笙，山药，彩椒，素清汤，盐，蘑菇精

做法：

1. 丝瓜切条；山药切条；鲜竹笙切段；彩椒切条。

2. 所有原料飞水，锅内加入素清汤，盐、蘑菇精调味，加入所有原料烧至入味，勾芡装盘。

特点：色彩艳丽、营养丰富。

32
素三鲜

33 养生南瓜丝

原料： 牛腿南瓜，彩椒，橄榄油，盐

做法：

1. 牛腿南瓜切丝；彩椒切丝。

2. 锅内加入橄榄油，放入南瓜丝、彩椒丝炒至软绵，用盐调味装盘。

特点： 色彩艳丽、口味清新。

34 山茶油煎杏鲍菇

原料： 杏鲍菇，山茶油，日本寿司酱油，芥辣膏

做法：

1. 杏鲍菇切厚片。

2. 煎锅内放入山茶油，烧热后下入杏鲍菇，煎至两面金黄色，摆盘；另根据个人口味可配日本寿司酱油和芥辣膏。

特点： 杏鲍菇爽口、营养丰富。

原料：猴头菇，罗勒，金兰油膏，工研乌醋，台湾米酒，黑麻油，盐，糖，生粉

做法：

1. 猴头菇切丁，挤干水分，拍粉，入油锅炸至金黄色。

2. 金兰油膏、工研乌醋、台湾米酒、盐、糖调三杯汁，入猴头菇丁煨入味，生粉勾芡，加入罗勒，黑麻油翻炒均匀，装盘。

特点：台湾风味、创意独特。

35
三杯汁猴头菇

36
一口香

原料： 油豆皮，鲜猴头菇，盐，孜然粉，辣椒粉，杭椒丁

做法：

1. 猴头菇切条，挤干水分，煨入味，卷入油豆皮中，切小丁。

2. 切丁的豆皮猴头卷用牙签穿串，入油锅中炸至酥脆。

3. 锅内炒香杭椒丁，入豆皮猴头卷，加盐、孜然粉、辣椒粉调味，装盘即可。

特点： 菜品做法精致、口味酥脆爽口。

37
砂锅手撕红椒

原料：红椒，豆豉，草菇酱油，生抽，盐

做法：

1. 红椒洗净手撕成条。

2. 锅内放油，煸炒红椒至软，加豆豉炒香，草菇酱油、生抽、盐调味装烧热的砂锅内即可。

特点：色泽鲜艳、爽口。

38
健康福寿全

原料： 素海参，素鲍鱼，牛肝菌，松茸，杏鲍菇，鹌鹑蛋，羊肚菌，虫草花，素浓汤，盐，蘑菇精，糖，玉米淀粉

做法：

1. 素海参、素鲍鱼入素浓汤中煨制入味；牛肝菌、松茸、杏鲍菇分别切丁与鹌鹑蛋一起入油锅中炸制金黄色，再入素浓汤中煨至入底味。

2. 羊肚菌泡软洗去泥沙，入素浓汤中煨入味。

3. 将所有煨制原料吸干汤汁，入素浓汤中，加入盐、蘑菇精、糖调好味，用玉米淀粉勾芡，装入罐中，虫草花点缀。

特点： 选料讲究、品种上乘、营养丰富。

39 福果百合炒榆耳

原料： 榆耳，西芹，银杏，红尖椒，鲜百合，盐，蘑菇精，糖，橄榄油

做法：

1. 将榆耳用水泡发，入素浓汤煨入味；西芹切菱形；红尖椒顶刀切成圈。

2. 西芹汆水，百合汆水。

3. 锅内入橄榄油，下入西芹、百合、银杏、榆耳、红椒圈炒香后，加入盐、蘑菇精、糖调匀口味即可装盘。

特点： 菜品色泽艳丽，原材料品种丰富，红白黄相间。

40 金刚沙豆腐

原料： 日本豆腐，牛肝菌，素鸡酱，干脆面碎，七味盐，鲜石榴粒，淀粉

做法：

1. 将日本豆腐切成段，中间掏空备用；牛肝菌切小丁。

2. 牛肝菌丁拌入素鸡酱调味，酿入日本豆腐，拍淀粉入热油中炸制。

3. 干脆面碎与七味盐一同入打碎机打制金刚沙，与炸好的日本豆腐炒匀整齐装盘，用鲜石榴粒点缀即可。

特点： 色泽金黄，豆腐外酥脆里细嫩，带有菌香味浓。

原料：鲜虫草花，干丝，菜胆，素浓汤，南瓜泥，盐，蘑菇精

做法：

1. 切好的干丝入素浓汤内加盐、蘑菇精煨入味；鲜虫草花飞水；菜胆飞水。

2. 煨入味的干丝装盘，素浓汤加南瓜泥、盐、蘑菇精调味，勾芡浇在干丝上，点缀鲜虫草花和菜胆。

特点：色彩搭配巧妙、清香爽口。

41
虫草花煮干丝

42
农家蒸茼蒿

原料： 茼蒿，面粉，盐，酱油，醋，姜末，香油

做法：

1. 茼蒿洗净，加盐稍拌，均匀的拌入面粉，上笼蒸熟，装盘。

2. 跟酱油、醋、姜末、香油调的汁上桌或根据个人口味调汁。

特点： 农家特色、原汁原味。

43 香煎豆腐

原料： 卤水豆腐，鸡蛋，小葱花，小米椒碎，东古酱油，味达美酱油，美极鲜，香油，盐

做法：

1. 卤水豆腐切片拍蛋液，入煎锅内煎至两面金黄色，装盘，撒小葱花点缀。

2. 小米椒碎、东古酱油、味达美酱油、美极鲜、香油、盐调汁，跟豆腐上桌。

特点： 造型美观、爽口宜人。

44 香辣酥藕片

原料： 莲藕，干辣椒，李锦记香辣酱，美乐香辣酱，辣妹子，盐，淀粉

做法：

1. 莲藕切薄片，拍淀粉，入油锅内炸至金黄。

2. 锅内炒香干辣椒、李锦记香辣酱、美乐香辣酱、辣妹子，炒出红油放入藕片，用盐调味装盘。

特点： 藕片爽脆微辣。

45

**龙豆马蹄
炒菌菇**

原料：龙豆，马蹄，杏鲍菇，牛肝菌，油条，红黄彩椒，盐，蘑菇精，糖

做法：

1. 龙豆削切小段；马蹄切片；彩椒切条；杏鲍菇、牛肝菌分别切大片；油条改刀条状。

2. 将龙豆汆水，杏鲍菇、牛肝菌片入油锅中炸制金黄，油条炸制酥脆。

3. 锅内入油，加入所有原料煸炒，加入盐、糖、蘑菇精调好味，出锅装盘。

特点：色泽艳丽、口味咸鲜、营养丰富。

原料： 草菇，牛肝菌，松茸，百灵菇，竹笙，菜胆，枸杞，素浓汤，南瓜泥，盐，蘑菇精，糖

做法：

1. 所有菌类切片，入素浓汤中，加盐、蘑菇精、糖煨入味，吸干水分装入紫砂罐中。

2. 另取素浓汤加南瓜泥，用盐、蘑菇精、糖调味，勾芡浇在紫砂罐内，加菜胆、枸杞装饰。

特点： 选料讲究、制作精细。

46
有机菌皇
佛跳墙

47 珍菌爆素鲍片

原料： 杏鲍菇，素鲍片，荷兰豆，彩椒，生抽，美极鲜，盐，蘑菇精

做法：

1. 杏鲍菇切片，与素鲍片飞水，拉油；荷兰豆飞水。

2. 锅内放入原料，用美极鲜、生抽、盐、蘑菇精调味，勾芡装盘。

特点： 软嫩爽口。

原料： 秋葵，橄榄油，盐，孜然粉，辣椒粉

做法：

1. 烤箱预热180度备用。

2. 均匀的在秋葵上刷橄榄油，烤至秋葵软糯时，撒盐、孜然粉、辣椒粉调味，装盘。

特点： 吃法独特、别具风味。

48 风味烤秋葵

原料： 日本豆腐，鸡头米，胡萝卜，芦笋，香椿苗，枸杞，忻州小米，素浓汤，盐，蘑菇精，糖，玉米淀粉，芹菜丝

做法：

1. 日本豆腐切段，入油锅中炸制金黄色，用小勺掏去中间软嫩部分，备用；鸡头米、胡萝卜、芦笋分别切丁，入炒锅内炒香备用；忻州小米煮熟备用。

2. 炒好的鸡头米、胡萝卜丁、芦笋丁酿入掏空的日本豆腐中，开口处用芹菜丝扎住，入素浓汤中煨入味。

3. 煨好味的日本豆腐放入小盅内，素浓汤用盐、蘑菇精、糖调味，加入煮好的忻州小米，均匀的浇在口袋豆腐上，用枸杞、香椿苗点缀。

特点： 做工精细、口味丰富。

49
金汤养生口袋豆腐

50 金汤藜麦竹笙筒

原料: 竹笙,胡萝卜,芦笋,牛肝菌,黄耳,羊肚菌,藜麦,香椿苗,枸杞,金瓜蓉,泰国香米饭,素浓汤,盐,糖,蘑菇精,玉米淀粉

做法:

1. 将胡萝卜、芦笋、牛肝菌分别切条状焯水;竹笙切段焯水后酿入胡萝卜条、芦笋、牛肝菌制成竹笙筒;藜麦煮熟备用。

2. 将竹笙筒及黄耳、羊肚菌入素浓汤内煨入味;泰国香米饭入模具扣圆形入小盅内,摆上竹笙筒、黄耳,再将羊肚菌摆在竹笙筒上。

3. 素浓汤内调入金瓜蓉,用盐、糖、蘑菇精调味,入藜麦,玉米淀粉勾芡,均匀的浇在摆好的竹笙筒上;用枸杞、香椿苗点缀。

特点: 制作精细、汤香味浓。

51 鸡头米火雉蔬

原料： 鸡头米，芦笋，胡萝卜，盐，糖，蘑菇精，橄榄油

做法：

1．将芦笋、胡萝卜洗干净切丁，与鸡头米一起汆水煮熟。

2．锅内加入橄榄油，芦笋、胡萝卜丁与鸡头米同炒，加入盐、糖、蘑菇精调味装盘即可。

特点： 白红绿相间，鸡头米软滑爽口。

原料： 香蕉，去皮山药，鸡蛋，淀粉，面包糠

做法：

1．将香蕉去皮后改刀成约1.5厘米×1厘米见方的长段，山药切成约3厘米×0.5厘米见方的条备用。

2．将山药条插入香蕉段后，裹上淀粉，再裹匀鸡蛋液，蘸上面包糠入油锅炸制金黄，取出装盘。

特点： 酥脆爽口。

52 酥香素排骨

53
醋溜鲜菱角

原料： 鲜菱角米，青红椒片，涨发好的小木耳，银杏，鸡蛋，面粉，醋，盐

做法：

1. 将鲜菱角米放入锅中煮10分钟左右，去其生味。

2. 把鸡蛋和面粉和成全蛋糊，加入菱角，入油锅炸制金黄色备用。

3. 锅中加入适量的醋、盐调成醋溜汁，放入青红椒、木耳、银杏、炸好的菱角翻炒均匀即可。

特点： 色彩艳丽、口感丰富。

54
香煎素蟹粉

原料： 土豆，胡萝卜，香菜丝，姜丝，盐，味精，胡椒粉

做法：

1. 将土豆、胡萝卜去皮切成片，放入蒸箱蒸制成熟。

2. 将蒸好的土豆、胡萝卜制成泥，加入盐、味精、胡椒粉调味后，放入姜丝、香菜丝拌匀。

3. 将调好口味的原料做成9个直径约3厘米的饼状，入锅中煎制成金黄装盘即可。

特点： 制作细致、口味独特。

55
野菜小豆腐

原料： 山野菜、豆腐、盐、味精，香油

做法：

1. 将野菜切成小段；豆腐切粒。

2. 油锅放入野菜、豆腐翻炒，加盐、味精炒入味，淋少许香油，装入容器即可。

特点： 豆腐清香宜人。

56
小瓜炒山菌

原料： 小瓜，草菇，鸡腿菇，香菇，滑子菇，青红椒块，盐，味精

做法：

1. 将小瓜洗净斜刀切片，加盐、味精，炒制入味，围边。

2. 杂山菌和青红椒块焯水，用味精、盐炒制入味，盛装在盘中即可。

特点： 色彩艳丽、爽口宜人。

57 腐皮菜卷

原料： 油豆腐皮，小塘菜，松仁，鸡蛋，盐，鸡精，麻油

做法：

1. 蔬菜洗净切末，焯水控干；松仁切碎，与青菜末一起加盐、麻油、鸡精拌匀成馅料。

2. 油豆腐皮平铺，放入拌好的馅料，用蛋液封口包成扁条状。

3. 平底锅加入麻油烧热，将包好的豆皮双面煎至金黄色出锅，斩件装盘。

特点： 素食口味、老少皆宜。

原料： 四季豆，苦菊，茼蒿，盐，味精，玉米面，生抽，醋，香油

做法：

1．将3种蔬菜洗净，四季豆切斜丝，苦菊、茼蒿切段，分别加入盐、味精、玉米面、少许水拌均匀。

2．3种加工好的蔬菜分盛上笼蒸5分钟，取出装盘带味汁（生抽、醋、香油）上桌。

特点： 原生态吃法、新鲜爽口。

原料： 张家口口蘑

调料： 自制豉油，香菇酱油

做法：

1．张家口口蘑摘洗干净，一切为二，入不粘锅内煎香备用。

2．石锅烧热，入煎香的口蘑，用自制豉油、香菇酱油调味。

特点： 菌香浓郁、咸鲜适口。

60 果汁真味素方

原料： 山药，莲藕，菠萝块，西瓜块，盐，糖，醋，橙汁

做法：

1. 莲藕去皮，切成长方块，用淡盐水泡1小时。

2. 山药去皮，上笼蒸1小时后打成泥，最后把切好的莲藕裹在里面即为素方。

3. 锅入色拉油，把做好的素方炸至金黄色，另起锅用橙汁、糖、醋、盐熬制糖醋汁浇在上面，中间拼摆上菠萝块和西瓜块即可。

特点： 山药有利于脾胃消化吸收，是一味平补脾胃的药食两用之品。

61 荠菜双蔬塔

原料： 山药，南瓜，荠菜，盐，味精，糖，苹果醋

做法：

1. 山药、南瓜分别去皮切条，荠菜切末。

2. 将山药条、南瓜条上笼蒸熟，摆入盘中成塔状。

3. 起锅用荠菜调好味汁（盐、味精、糖、苹果醋），淋在双塔上即可。

特点： 原料精工细做，菜品清新淡雅、爽口宜人。

62
健康菌菇煲

原料： 杏鲍菇，白灵菇，榆耳，猴头菇，红椒，西蓝花，烧汁，香菇酱油，味达美冰糖老抽，盐，蘑菇精

做法：

1. 杏鲍菇、白灵菇、猴头菇、榆耳、红椒分别切片。

2. 切好的菌菇片入四成热油锅中滑油倒出，锅内下入用烧汁、香菇酱油、味达美冰糖老抽调好的汁烧制菌菇入味，加盐、蘑菇精调味即可。

3. 烧好的菌菇盛入煲中，用红椒、西蓝花点缀。

特点： 菌菇鲜香、滑嫩、滋味浓郁。

63
香炸辣木叶

原料： 新鲜辣木叶，鸡蛋，淀粉，盐，胡椒粉

做法：

1. 新鲜的辣木叶清洗干净，控净水分。

2. 鸡蛋取蛋清，把蛋清打散，加入盐、胡椒粉、淀粉调匀。

3. 调匀的蛋白淀粉糊均匀的拌匀辣木叶，入六成热油锅中炸至酥脆即可。

特点： 香酥可口、回味悠长。

64
粉蒸鲜辣木

原料： 鲜辣木叶，粉蒸米粉，盐，椒盐，芝麻酱，生抽，香油，三合油

做法：

1. 新鲜的辣木叶清洗干净，控净水分备用。

2. 芝麻酱、生抽、香油与三合油调成碗料。

3. 辣木叶用盐、椒盐调味，拌匀粉蒸米粉，入蒸锅大火蒸8分钟，带料碗上桌即可。

特点： 原汁原味、鲜香软糯。

65
石磨自制豆腐

原料： 黄豆，豆腐卤水，老干妈辣酱，自调麻酱，小葱花，香菜

做法：

1. 黄豆清洗干净，用清水浸泡12小时，入豆浆机内打成豆浆，用纱布过滤出豆渣，豆浆备用。

2. 豆浆入锅内小火熬开，打去浮沫，熬5~6分钟关火，静止至豆浆65度左右时点入豆腐卤水，静止15分钟左右，即成豆腐。

3. 用小勺把豆腐盛入石磨餐具内，尽量保证其完整，另用小碗各装老干妈辣酱、自调麻酱、小葱花、香菜即可，根据个人口味调汁蘸食。

特点： 豆香味浓郁、原汁原味。

三

汤羹篇

01
一品珍菌
养生汤

原料： 黄耳，羊肚菌，竹笙，虫草花，素清汤，盐，蘑菇精

做法：

1. 黄耳、羊肚菌、竹笙、虫草花分别飞水，装入小炖盅内。

2. 素清汤装入炖盅内，加盖，上笼蒸2小时，加盐、蘑菇精调味即可。

原料： 鲜松茸，虫草花，菜胆，枸杞，素清汤，盐，蘑菇精

做法：

1. 鲜松茸切片，飞水；虫草花飞水装入炖盅内。

2. 素清汤加入炖盅内，盖上盖，上笼蒸2小时，加盐、蘑菇精调味，菜胆、枸杞点缀即可。

02
清汤松茸菌

03 松露养生汤

原料： 鲜松露，虫草花，菜胆，枸杞，素清汤，盐，蘑菇精

做法：

1. 鲜松露切片，飞水；虫草花飞水装入炖盅内。

2. 素清汤加入炖盅内，盖上盖，上笼蒸2小时，加盐、蘑菇精调味，菜胆、枸杞点缀即可。

04

**翡翠文思
豆腐羹**

原料： 菠菜叶，日本豆腐，素清汤，盐，蘑菇精

做法：

1. 菠菜叶切细丝；日本豆腐切细丝。

2. 素清汤内加盐、蘑菇精调味，加入日本豆腐丝与菠菜叶丝，搅匀装碗即可。

05 荷仙菇菌皇汤

原料： 荷仙菇30克，松茸1只，素高汤

做法：

1. 将松茸洗净切成厚片；荷仙菇撕片焯水待用。

2. 在炖盅中加入松茸片及素高汤炖煮30分钟。

3. 出锅时将焯过水的荷仙菇放入即可。

特点： 荷仙菇是一种上好健康食材，味道清淡醇香，回味悠长。

05

06
荠菜烩蘑菇

原料：荠菜，圆菇，素清汤，盐，蘑菇精，香油

做法：

1. 荠菜切碎；圆菇切片，飞水。

2. 锅内加入素清汤，盐、蘑菇精调味，加荠菜、圆菇片，勾芡，淋香油装碗内即可。

07
清汤素血燕

原料：胖大海，菜胆，素清汤，盐，蘑菇精

做法：

1. 胖大海用温水泡开，菜胆飞水。

2. 素清汤加盐、蘑菇精调味装入碗内，轻轻的放入胖大海，菜胆点缀即可。

08
竹笙青瓜汤

原料： 竹笙，青瓜，香菜碎，素清汤，盐，蘑菇精

做法：

1. 青瓜切薄片。
2. 锅内加入素清汤，盐、蘑菇精调味，加竹笙、青瓜片勾芡，装碗内即可。

09
清汤菊花豆腐

原料：日本豆腐，虫草花，素清汤，盐，蘑菇精

做法：

1. 日本豆腐改刀成菊花状；虫草花飞水。

2. 素清汤加盐、蘑菇精调味装入碗内，轻轻的放入菊花豆腐，虫草花点缀。

10
荠菜春笋汤

原料： 荠菜，春笋，盐，蘑菇精，香油，纯净水，生粉

做法：

1. 荠菜切碎；春笋切片，飞水。

2. 锅内入油炒香荠菜，加入纯净水、春笋、盐、蘑菇精调味，生
   粉勾芡，淋香油装盘。

11
太极山药露

原料： 山药，花生，白芝麻，竹炭花生，黑芝麻，木糖醇，纯净水

做法：

1. 山药洗净削皮后入蒸箱30分钟蒸软烂，取出后加纯净水；木糖醇用搅拌机打制浓稠，成山药露装入碗内。

2. 花生、竹炭花生分别烤香；白芝麻、黑芝麻分别炒香；花生拍碎与白芝麻混合，竹炭花生拍碎与黑芝麻混合，分别在山药露上点缀成太极状即可。

12
荷仙菇菠菜羹

原料： 有机菠菜，荷仙菇，盐

做法：

1. 将菠菜洗净，加水用搅拌机打碎，滤去菜渣制成菠菜水。

2. 将荷仙菇分成两份，撕碎一份放入菠菜水中煮熟，加入盐调味。

3. 将另外一半荷仙菇焯水后撒入菠菜羹中即可。

特点： 色泽艳丽、荷仙菇鲜爽脆滑。

13
养生口蘑汤

原料： 黄豆芽，鲜笋，竹笋，杏鲍菇，口蘑，枸杞，菜心

做法：

1. 口蘑放入锅中加入适量清水，煮至无硬心即可。

2. 将煮好的口蘑用蓑衣刀改形状。

3. 取一翅盅放入改好的口蘑，加入用黄豆芽等调制的素清汤，调好后上笼蒸10分钟取出，放入焯水后的枸杞和菜心装盘。

素清汤做法： 黄豆芽500克、鲜笋300克、竹笋50克、杏鲍菇100克、加入4000克清水，大火烧开，撇去浮沫，小火调制2小时后备用。

四

主食篇

01
红枣发糕

原料： 面粉，玉米面，酵母，红枣，盐，糖

做法：

1. 面粉与玉米面混合，加入酵母、盐、糖、适量水调拌均匀，发酵至蓬松。

2. 将发酵好的面盛放入托盘内，均匀的点缀上红枣，上蒸锅蒸熟取出凉凉后改刀，切方块装盘。

特点： 口感松软、回味甘香。

02 豌豆黄

原料： 豌豆，红豆沙，白糖，琼脂

做法：

1. 豌豆泡软煮烂，过细箩过滤成豌豆泥，一半加琼脂融化，另一半加红豆沙拌匀待用。

2. 托盘内一层放入豌豆泥，一层放入红豆沙，相间均匀叠上6层后，入冰箱冷藏定型，上桌时切小块装盘。

特点： 造型美观、细腻入口、回味无穷。

03 芸豆卷

原料： 去皮芸豆，红豆沙，花生碎，芝麻，白糖，棉布

做法：

1. 去皮芸豆泡软，蒸软烂，过细箩过滤；花生碎、芝麻、白糖调馅。

2. 芸豆泥均匀的铺在棉布上，一端卷入红豆沙，另一端卷花生芝麻馅，向中间捏紧，成如意卷，切块装盘。

特点： 做工精细、寓意吉祥、甘甜爽口。

原料： 鸡蛋面条，花生，酥黄豆，香菜，红油，酱油，醋，盐，糖，香油，花椒油

做法：

1. 鸡蛋面条煮熟，过凉；将盐、糖、酱油、醋、红油、香油、花椒油调成麻辣汁。

2. 将麻辣汁与面条拌匀装碗，撒上香菜、花生、酥黄豆即可。

特点： 面条劲道、麻辣爽口。

04 勾魂面

05 象形萝卜酥

原料： 糯米粉，豆沙，胡萝卜苗

做法：

1. 糯米粉加开水和匀，包入豆沙馅，做成胡萝卜型。
2. 入油锅中炸至金黄色，插入胡萝卜苗，成形上桌。

特点： 造型新颖、口感软糯。

06
芝士焗红薯

原料： 红薯，马苏里拉芝士，芝士片

做法：

1. 红薯洗净切两半，入烤箱烤软绵，用勺挖出红薯肉，压成红薯泥，皮留着备用；马苏里拉芝士擦碎与红薯泥混合。

2. 混合的芝士红薯泥填入红薯皮内，上面盖上芝士片，再入烤箱烤至芝士片金黄，摆盘即可。

特点： 中西风味结合、口味独特新颖。

原料: 发面,小白菜,木耳,松茸,粉条,盐,菜籽油

做法:

1. 小白菜、木耳、松茸、粉条分别剁碎;加入盐、菜籽油制馅。

2. 烫面擀制包子薄皮,包入调好的素菜馅,入刷油的小竹笼内蒸20分钟即可。

特点: 皮薄馅大、爽口健康。

07
健康素菜包

08
瓜仁香芋饼

原料： 芋头，糯米粉，白糖，瓜子仁

做法：

1. 芋头去皮蒸熟，压成泥，过细箄过滤，加白糖、糯米粉揉匀。

2. 用模具做成一个个小圆饼，粘上瓜子仁，入油锅内炸熟装盘即可。

特点： 芋头细腻爽口、瓜子仁香脆可口。

09 荠菜烧卖

原料：面粉，荠菜，生姜，水，盐，味精

做法：

1. 面粉加水和成面团，饧制备用。

2. 荠菜过水捞起，切成碎末，挤水后加入生姜、盐、味精拌匀成馅。

3. 面团下剂，擀成薄皮，包入馅料，收口成形，上笼蒸熟即可。

特点：咸鲜适口。

10 芥菜锅贴

原料：面粉，芥菜，盐，味精，酱油，油，香油，胡椒粉

做法：

1. 面粉加水和成面团，下剂擀成圆皮备用。

2. 芥菜洗净，焯水，切成碎末，加调料和芥菜拌匀成馅。

3. 圆皮包馅捏中间，两头漏馅，入饼铛加盖烙熟，金黄色面朝上装盘，按个人口味带调味上桌。

特点：香脆可口。

原料： 玉米面，面粉，野菜，酵母，盐，味精，酱油，花椒粉，色拉油

做法：

1. 将玉米面、面粉和酵母加入适量水和成面团。
2. 野菜焯水剁碎，加入盐、味精、酱油、花椒粉、色拉油调成馅料。
3. 面团下剂，擀成圆皮，包入馅料成圆团子，饧发后上屉蒸熟。

特点： 清香可口。

12
健康蔬菜饼

原料： 面粉，蛋，大头菜，芥菜，紫甘蓝，胡萝卜丝，香菇，角瓜丝，盐

做法：

1. 把所有原料混合，和成稀糊状。

2. 入饼铛烙成圆饼，烙至两面金黄。

特点： 鲜咸口味。

13 脆皮黄金饼

原料：面粉，酵母，水适量，豆沙馅，芝麻

做法：

1．面粉中加入酵母、水和成面团。

2．面团上用压面机压光滑，分成剂子，擀成圆饼，放一块豆沙馅。

3．收口包紧裹上芝麻，上锅蒸熟，成熟后入油锅炸至金黄色。

特点：外形美、口感脆、香甜可口。

14 辣木养生面

原料：辣木空心挂面，新鲜虫草花，素清汤，盐，蘑菇精

做法：

1．煮好的辣木空心挂面入小碗内，虫草花焯水点缀。

2．自制的素清汤用盐、蘑菇精调味，冲入辣木空心挂面内。

特点：本品有助于增强免疫力，延缓衰老。

15
木瓜酥

原料: 面粉,黄油,低筋面粉,鸡蛋,糖,色拉油,木瓜

做法:

1. 取面粉、鸡蛋、糖、黄油和成水油皮面团。

2. 低筋面粉加色拉油和成油心面团。

3. 将水油皮面团擀开,包入油心面团,擀开折2个三折、1个两折再擀开。

4. 用刀将擀好的酥皮切开,擀成约3厘米薄的皮,包入木瓜馅,入油温炸制。

特点: 层次分明、酥脆可口。

16 鲜花饼

原料： 新鲜辣木花，新鲜辣木叶，鸡蛋，面粉，盐

做法：

1. 鸡蛋与面粉加入水调成稀糊状，调入新鲜辣木花和新鲜的辣木叶，加盐调味。

2. 用电饼铛把调好的辣木花糊摊成一个一个的小饼。

特点： 本品有辅助降血脂、降血压、增强免疫力的作用。

17 三色猫耳面

原料： 面粉，胡萝卜，菠菜，盐，味精，一口鲜酱油，木耳，番茄块，油

做法：

1. 面粉加水和成面团，下小剂，用大拇指搓成猫耳形。

2. 胡萝卜和菠菜榨成汁，加入面粉分别和成两块面团，下小剂搓成猫耳形。

3. 锅热放油，加番茄块炒，加水放入盐、味精、一品鲜酱油、木耳，开锅时加入三色猫耳面煮10分钟。

特点： 颜色美观、营养丰富。

本书主编策划参与并倡导的全国素食交流活动

2014 中国素食协会启动暨素食联盟第一次合作研讨会合影

2015 中国宜兴国际素食荟素食专家和大厨合影

2015 全国禅茶素食日活动部分禅茶素食专家留影

首届中国嵩山永泰素食产业发展高峰论坛

本书主编荣获世界华人健康饮食协会颁发的"2014 健康饮食大使"荣誉称号

跋

健康素食赢天下

　　民以食为天，素食是中国菜的一个重要组成部分，历史悠久。早在东汉时期，随着佛教的兴起逐步发展起来，到近代便盛行全国。素食以其"净其身，清其心""低碳、自然、健康"的内涵和"清、净、淡、雅"的素食文化，不断融入大众生活，日益成为社会饮食风尚。

　　"爱健康爱素食"，素食不仅营养丰富，含有大量维生素、矿物质、有机酸、蛋白质、钙等成分，能调节人体功能、增强体质，而且有的还具有一定的食疗价值。《黄帝内经》《神农本草经》《食医心鉴》《饮膳正要》《本草纲目》等著作，都记述了用素菜制作菜品的食疗作用，著名诗人苏东坡、陆游对素菜也有过赞美的诗句，称"素菜之美，能居肉食之上"，可见经常食用滋味鲜美的素食，有保健的作用。

　　素食菜品制作特点：一是选料精细，精心选用四季时令鲜蔬，崇尚"不时不食"；二是花色繁多，制作考究，技术精湛。用各种蔬菜和豆制品以及菌类和竹笋等健康食材，能烹制出数百种素食佳肴；三是口味多样，以传统风味为主，不断吸取各地名菜精华，形成了素食独特的风格。

素食在宴席中清爽适口、营养健康，长期深受中外宾客欢迎。伴随着我国健康产业的发展，素食将得到蓬勃发展，成为新时期人们饮食理念的载体，吃素将是健康和时尚的象征，越来越多的素食主义者将被人尊重和推崇。

《健康素食》一书集多家火爆餐厅及专业素食店畅销素食120余款，由酒店餐厅专业厨师烹制，不仅对每款素食制作方法和烹调技术均作了详细介绍，并附有精美照片，适合广大专业素食厨师和素食爱好者借鉴学习，对目前全国素食餐厅的蓬勃发展，尤其素食菜品的开发变化能起到引领作用，也对人们在餐饮方面如何吃出营养、吃出健康、吃出品味作出正确引导。

特别感谢《中国食品报》总编张建斌先生为本书题写书名并作序，感谢中国食文化研究会会长常大林先生的撰文真诚推荐，感谢中国药膳研究会副会长、养生菜大师焦明耀先生对部分菜品的指点与支持，感谢众多餐厅总厨和诸多专业素食厨师好友的鼎力协助，还要感谢菜品专业摄影师石朝虹和詹敬林先生的专业拍摄，是他们的共同付出得以让每一款健康素食精彩呈现。

由于编者水平有限，书中不妥之处敬请读者及素食专家大师指正为盼。

《健康素食》编委会

中国餐饮赢家公益大讲堂